“十四五”时期国家重点出版物出版专项规划项目

◄农业科普丛书►

图说小麦生产全程机械化

耕播篇

何　进　　王庆杰　　卢彩云　编著

U0272085

中国农业科学技术出版社

图书在版编目（CIP）数据

图说小麦生产全程机械化. 耕播篇 / 何进，王庆杰，卢彩云编著. --北京：中国农业科学技术出版社，2024.6
ISBN 978-7-5116-6276-7

Ⅰ.①图… Ⅱ.①何…②王…③卢… Ⅲ.①小麦－农业生产－农业－农业机械化－图解 Ⅳ.① S233.72-64

中国国家版本馆 CIP 数据核字（2023）第 081242 号

责任编辑 姚 欢
责任校对 王 彦
责任印制 姜义伟 王思文

出 版 者 中国农业科学技术出版社
　　　　　北京市中关村南大街 12 号　　邮编：100081
电　　话 （010）82106631（编辑室）（010）82109702（发行部）
　　　　　（010）82109709（读者服务部）
传　　真 （010）82106631
网　　址 https:// castp.caas.cn
经 销 者 各地新华书店
印 刷 者 北京科信印刷有限公司
开　　本 140 mm×203 mm　1/32
印　　张 2
字　　数 50 千字
版　　次 2024 年 6 月第 1 版　2024 年 6 月第 1 次印刷
定　　价 60.00 元（全 4 册）

序言
PREFACE

　　长期以来，党中央、国务院高度重视农业机械化发展。早在1959年，毛泽东主席就作出了"农业的根本出路在于机械化"的著名论断。2018年，习近平总书记在黑龙江北大荒建三江国家农业科技园区考察时指出，大力推进农业机械化、智能化，给农业现代化插上科技的翅膀。实现传统农业向现代农业的转变，关键是依靠科技进步。农业机械化是应用农业科技的主要载体。2024年中央一号文件对有效推进乡村全面振兴给出了指导意见，其中明确提出要大力实施农机装备补短板行动。近年来，我国农机装备总量持续增长，作业水平不断提升，社会化服务能力显著增强，带动农业生产方式、组织方式、经营方式深刻变革。农业机械化快速发展，为增强我国农业综合生产能力、加快农业现代化提供了有力支撑。

　　国家小麦产业技术体系长期致力于小麦良种培育、病虫草害防控、栽培与土肥技术、加工贮藏、产业经济、机械化等产业重点任务，集中全国优势力量，开展技术攻关和成果应用，有效保障了小麦产业健康发展。小麦全程机械化生产能有效提升生产效率，提高小麦产量，保证小麦品质。进一步加快推进小麦全程机械化，推动小麦产业绿色高质量发展，提高小麦自主产能，对保障我国粮食安全具有重要意义。

小麦生产全程机械化技术主要涉及耕、种、管、收等环节，包括秸秆处理与土地耕整、精少量播种、节水灌溉、高效植保、联合收获、小麦烘干等农机农艺融合技术。我国科技工作者根据小麦不同产区实际情况开发出一系列全程机械化生产技术与模式，并持续平稳推进。通过先进农机技术集成和农机农艺融合，有效提高了农机化水平和作业效率，达到了简化作业环节、降低生产成本、增产增收的目的。同时，示范带动了其他作物生产全程机械化水平的提高，利用机械化手段实现农业绿色生产，促进了农业可持续发展。

　　《图说小麦生产全程机械化》一书包括耕播篇、灌溉篇、施肥与施药篇、收获篇。国家小麦产业技术体系机械化功能研究室积极探索新型表现方法，采用大众喜闻乐见的漫画、刨根问底的问答形式，兼顾真实性、启迪性和普及性，凝练小麦整地、播种、灌溉、施肥、施药和收获机械化技术要点和装备特征，解答种植户关心的各类小麦机械化问题。全书语言通俗易懂，内容丰富，可帮助读者在较短时间内准确地了解小麦全程机械化的流程并快速找到自身所需要的内容。相信本套图书的编撰出版能为小麦全程机械化技术培训提供科普教材，有效提高读者对小麦机械化生产技术的认识水平，推动小麦生产全程机械化技术普及与应用，助力小麦绿色高效生产。

国家小麦产业技术体系首席科学家

2024 年 4 月

前言
PREFACE

　　小麦是我国最重要的粮食作物之一，小麦产业的高质量发展对保障国家粮食安全、推动乡村振兴至关重要。农业机械化是小麦高效优质生产的重要保障。当前，我国小麦机械化技术装备正由数量增加持续向质量提升转变，普及和推广高水平小麦全程机械化生产技术装备，对促进小麦生产向绿色可持续方向发展具有重要意义。

　　《图说小麦生产全程机械化》为系列丛书，共分四册。本套图书内容上结合我国小麦主产区生产特点，围绕耕、种、管、收生产环节详细介绍了小麦全程机械化生产技术装备，以漫画的形式，通过人物对话总结了耕播、施肥施药、灌溉、收获各个生产环节的技术装备与作业要求；技术上兼具实际操作性，突出创新性，精选了当前生产上的新技术。

　　本套图书适用于广大农作物种植企业、合作社、家庭农场、基层农技推广人员以及农林院校相关专业师生阅读。

　　由于时间和作者水平有限，书中难免存在不足之处，欢迎广大读者批评指正！

编　者
2024 年 4 月

《图说小麦生产全程机械化——耕播篇》
编 委 会

主　任　康绍忠

副主任　李洪文　　王万章　　陈立平

主　编　何　进　　王庆杰　　卢彩云

编　委　（按姓氏笔画排序）

王　超　　仝振伟　　仲广远　　安晓飞　　李蓉蓉

何　勋　　陈黎卿　　贺　栋　　黎耀军

专家好！我们新承包了2000亩地，想请您进行小麦生产机械化作业相关的技术指导。

我今年也新购置了几台拖拉机和农机具，想进行小麦生产相关的农机租赁及作业服务，也有一些机具作业相关的问题想向您请教。

欢迎大家来咨询。

首先，在作业前需要选择合适的农机具。

那该怎么选呢？

要选择与种植模式和经营规模相匹配的机具；拖拉机的选择应与农机具相配套；同时，作业次序要保证各环节紧密联系、环环相扣，形成统一协调的机械化生产闭环。

3

机具在作业时有没有需要注意的事情呢？

XXX合作社

机具作业前应进行检查、保养与维修，并将机具按农艺要求进行调整，试作业达到要求后再进行正式作业。作业时，应随时观察机具作业状态，定期检查作业质量，及时处理异常情况。

4

秸秆粉碎有哪些要求？

秸秆粉碎还田机将玉米秸秆粉碎1～2遍，秸秆粉碎长度小于10厘米，粉碎长度合格率不低于85%，并均匀抛撒于地表；玉米留茬高度不应超过8厘米。

7

8

11

地表覆盖这么多秸秆，
影响后续播种吗？

咱们可以通过特定的免（少）耕播种机进
行作业，不影响后续播种，而且即使地
表秸秆覆盖量大，也可以通过表土耕作、
条带耕作等方式对种床进行整理，保证
顺利播种。

13

15

这样长期不整地，地变硬了，怎么办？

我们可以通过深松作业来解决出现的土壤变硬问题，每2～3年深松1次，就能达到降低土壤容重的效果。

为确保作业效果，深松作业还有其他要求吗？

首先，深松作业前先进行20～30米的试作业，松土及碎土效果应满足农艺要求；其次，深松深度合格率≥85%；最后，邻接行距合格率≥80%。

偏柱式深松机

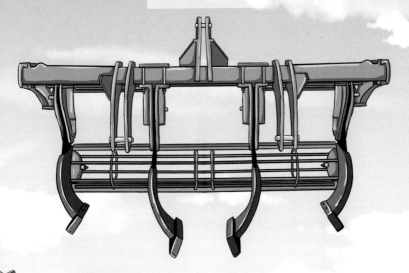

那深松机有哪些呢？

现在市场上主要有凿式深松机、翼铲式深松机、偏柱式深松机、振动式深松机等。

19

好的，谢谢您对保护性耕作技术的介绍。在现有的土壤耕整装备中，我也常看到一些旋耕和深松一体的机具，您能在这方面给我们介绍一下吗？

对啊，我也很感兴趣。

好的，那就让我给你们详细介绍介绍吧！

你看到的旋耕和深松一体的机具是深松旋耕联合整地机，它是耕整地联合作业机的一种。耕整地联合作业机能同时完成秸秆处理、旋耕、镇压等作业，使土壤迅速达到备播状态，工作效率更高！

我明白了。

现在常用的有深松旋耕联合整地机、施肥旋耕联合作业机、破茬深松复式作业机等；耕整地联合作业可减轻多次进地对土壤造成的压实影响。

这么多种类啊，那我可得好好了解一下。

你可以结合土壤耕整地要求，相应地选择复式作业机的类型，但联合作业机具需要较大的配套动力，所以还要根据联合作业机的功能、作业幅宽和耕作深度等，选择合适的拖拉机。

好的，那我买的时候多注意一下。

23

25

那肥料和种子的选择有哪些要求呢？

肥料要选用正规厂家生产的粒径饱满的颗粒肥，同时肥料中不能有大于0.5厘米的结块。

是的，我们都是购买正规厂家生产的肥料，符合机械施肥的要求。

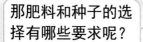

26

27

29

如果遇到特殊情况导致小麦晚播时，播量要调整吗？

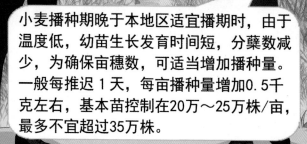

小麦播种期晚于本地区适宜播期时，由于温度低，幼苗生长发育时间短，分蘖数减少，为确保亩穗数，可适当增加播种量。一般每推迟1天，每亩播种量增加0.5千克左右，基本苗控制在20万～25万株/亩，最多不宜超过35万株。

技术要点：
（1）肥料应施于种子的侧下方或正下方，肥料与种子之间的空间距离应不小于5厘米。
（2）冬小麦产区宜采用深施肥，春小麦产区可适当浅施，施肥深度为7～10厘米。
（4）施肥装置应具备不小于60千克/亩的施肥能力。

肥料种子选择好了，在作业时需要注意什么？

首先，施肥作业时，一般要求排肥量准确、均匀性好，施肥深度一致，种肥间距适宜。

种子

3～5厘米　　　15厘米

另外，小麦播种时，冬小麦播深一般为3～5厘米；春小麦可适当浅播，一般为3～4厘米；播种行距可根据农艺要求适当调整，中等行距为15厘米，宽窄行距为10～25厘米。

好的，我施肥播种时注意一下。

33

哦？水分不合适时怎么办？

土壤含水率低时，可以在播种前后及时灌溉；含水率高时，最好在耕整地作业后晾晒一段时间，再进行播种。

36

技术要点：

（1）播种深度合格率≥80%。

（2）播种均匀性变异系数≤45%。

（3）断条率≤3%。

（4）播种量误差为±4%。

（5）种肥间距合格率≥98%。

（6）衔接行距合格率≥90%。

（7）播种后地表无晾籽、堆种、漏肥和堆肥现象，地表平坦。

（8）播种行镇压连续。

那评价播种机作业质量指标有哪些？

播种机作业效果的好坏直接关系到小麦的出苗率。主要作业质量指标有播种深度合格率、播种均匀性变异系数、断条率和种肥间距合格率等，具体可以看一下以上的技术要点。

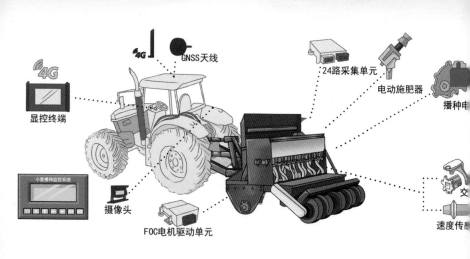

4G
GNSS天线
24路采集单元
电动施肥器
播种电
显控终端
小麦播种监控系统
摄像头
FOC电机驱动单元
交
速度传感

还有其他需要注意的吗？

施肥播种机作业前要试播，测试施肥播种质量。

有条件地区，可以在施肥播种机上加装施肥播种监测系统，实时监测重播数、漏播数，在肥料种子堵塞、缺肥缺种时进行报警等。

G-1102 液压自动导航系统　　　　AMG-1202 电动方向盘自动导航系统

也可以在实施播种作业的拖拉机上安装自动导航系统，能按设定的程序控制拖拉机沿预定方向行驶、转弯，使播种布局规则、整齐，解决人工操作过程中出现的交接行不齐，甚至重叠等问题，同时还能利用监测系统监测作业质量。

我家机具大部分都装有自动导航系统，播种时能轻松好多。

那播种机的选择
有需要注意的吗？

在选择播种机时应根据咱们这
儿的农艺要求、种植模式等情
况选择适宜的机具，一般播种
小麦条播机就可以。根据具体
需要，可以使用复式播种机。

我选择复式播种机，相比条播机，它能减少相应耕整地环节。

是的，复式播种机能一次性完成旋耕、灭茬、开沟、施肥、播种和覆土镇压等作业工序，可以将耕整地与施肥播种等环节集中在一起。减少拖拉机进地次数，减轻土壤压实，作业效率高，降低作业成本。

复式播种机作业时有什么要注意的吗?

行距要根据农艺的要求进行调整;将播种深度调至3～5厘米,保证下种均匀,深浅一致;施肥深度调至7～10厘米,种肥间距大于5厘米;作业时,应适当降低作业速度,以保证旋耕、灭茬、开沟等环节的作业质量。

43

秸秆量这么大，播种时秸秆不堵塞播种机吗？

当然不堵，免少耕播种机上安装的秸秆防堵装置可避免机具堵塞。现在的免少耕播种机主要采用3种形式实现秸秆防堵：动力驱动防堵、圆盘重力切茬防堵和秸秆流动防堵。不同的防堵形式针对地表秸秆覆盖的情况也不相同，动力驱动防堵就很适合秸秆量大、抢种、抢收的地块。

45

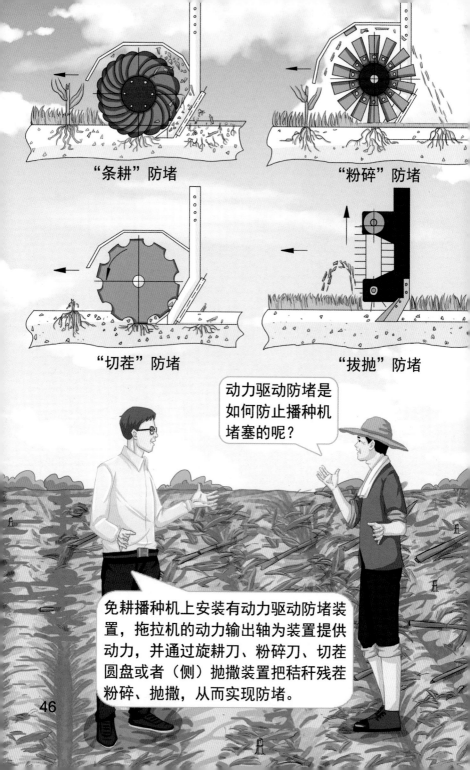

"条耕"防堵

"粉碎"防堵

"切茬"防堵

"拔抛"防堵

动力驱动防堵是如何防止播种机堵塞的呢？

免耕播种机上安装有动力驱动防堵装置，拖拉机的动力输出轴为装置提供动力，并通过旋耕刀、粉碎刀、切茬圆盘或者（侧）抛撒装置把秸秆残茬粉碎、抛撒，从而实现防堵。

盘重力切茬防堵装置

用拖拉机提供动力的话，是不是比较费油？

采用驱动防堵装置的免少耕播种机防堵能力最强，但油耗确实相对会高一些。如果地表秸秆量不是很大，可以采用圆盘重力切茬防堵装置；对于地表秸秆覆盖率较低的地块，可以采用秸秆流动防堵装置。

47

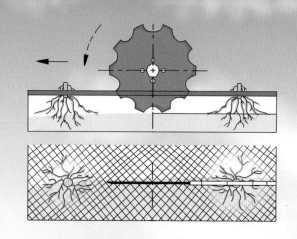

重力切茬防堵以圆盘开沟器为核心部件，通过自身重力切割秸秆、根茬和土壤，实现顺畅播种。

秸秆流动防堵主要采用多排开沟器布置以及在开沟器前（侧）部增设被动防堵装置等方式来增强秸秆的流动性，减少秸秆堵塞现象。

您这么一说，我就懂三者之间的区别了。

除了上述的防堵形式，随着我们国家卫星导航技术的发展，现在也出现了一种新的防止秸秆堵塞的技术——小麦导航避茬免耕播种技术，它也能防止秸秆对播种机造成的堵塞。

哦？可以给我们详细说一下吗？

49

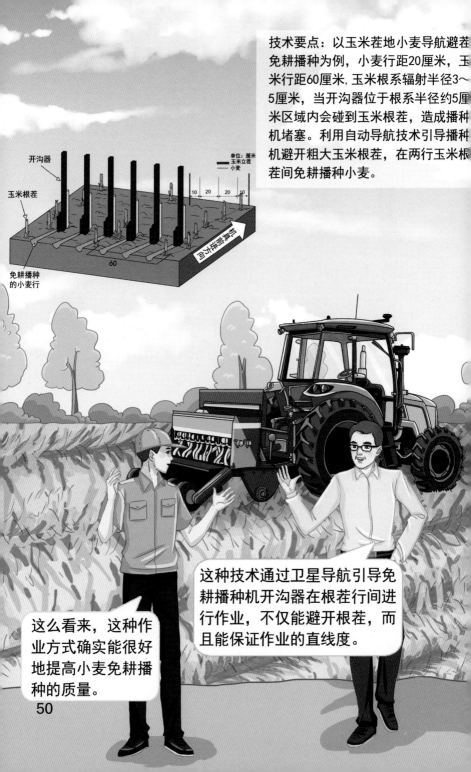

技术要点：以玉米茬地小麦导航避茬免耕播种为例，小麦行距20厘米，玉米行距60厘米，玉米根系辐射半径3~5厘米，当开沟器位于根系半径约5厘米区域内会碰到玉米根茬，造成播种机堵塞。利用自动导航技术引导播种机避开粗大玉米根茬，在两行玉米根茬间免耕播种小麦。

开沟器

玉米根茬

单位：厘米
■ 玉米立茬
  小麦

10 20 20 10

免耕播种
的小麦行

可为增长作业轴

60

这种技术通过卫星导航引导免耕播种机开沟器在根茬行间进行作业，不仅能避开根茬，而且能保证作业的直线度。

这么看来，这种作业方式确实能很好地提高小麦免耕播种的质量。

50

除了防堵，免少耕播种机在作业时还有其他需要注意的吗？

在实施保护性耕作的地块，播种时应保证种子与土壤接触良好，避免架种与晾籽，晾籽率不高于2%；播种深度合格率不低于70%；动土率不高于40%；作业后地表平整，镇压连续，无秸秆堵塞拖堆现象。

53

镇压有什么要求吗？

小麦可以进行镇压的时间比较长，从分蘖期至返青期均可镇压。实际作业时，要根据苗情及土壤状况，选择最佳时间进行镇压。

分蘖期镇压：主要是对生长过旺的麦田进行镇压，可有效抑制幼苗旺长。越冬期镇压：可强制幼苗进入越冬休眠状态，同时又压实了田间表土，保证麦根充分接触土壤，满足幼苗根系对土壤水分的需求，促进根系的健康生长发育。解冻后镇压：可压实土壤，破除板结，弥合缝隙，促进麦苗尽快进入返青期，加速幼苗正常生长发育。

对不同时期的小麦进行镇压作用一样吗？

镇压的效果是不一样的。